DER LEOPARDGECKO
EUBLEPHARIS MACULARIUS

Melanie Hartwig

Leopardgecko der Blizzard-Farbform Foto: B. Love/Blue Chameleon Ventures

Inhalt

Bildnachweis:
Titel: Tangerine-Albino-Farbform Foto: M. Hartwig
Kleines Bild: Red-Striped-Farbform Foto: M. Hartwig
Seite 1: Erwachsenes Exemplar mit einem Schlüpfling
Foto: B. Love/Blue Chamaleon Ventures

ISBN: 978-3-86659-61-8   9., aktualisierte Auflage 2026

© 2008 Natur und Tier - Verlag GmbH
An der Kleimannbrücke 39/41 · 48157 Münster
www.ms-verlag.de
Geschäftsführung: Matthias Schmidt

Lektorat: Kriton Kunz, Heiko Werning,
Tina Stephan & Axel Kwet
Layout: Ludger Hogeback – hohe birken
Druck: WmD, Backnang

Vorwort

„LEOPARD

geckos machen süchtig" – diese Warnung wurde mir beim Kauf meiner ersten Tiere mit auf den Weg gegeben. Und tatsächlich, innerhalb kürzester Zeit war ich so von diesen Geckos fasziniert, dass weitere bei mir einzogen und sich nach und nach eine „kontrollierte Hobbyzucht" entwickelte. Mit meinen Erfahrungen möchte ich nun einen Einblick in die Welt der Leopardgeckos geben und diese interessanten Tiere näher vorstellen.

Der Leopardgecko (*Eublepharis macularius*) gehört aufgrund seines attraktiven Erscheinungsbildes und der leichten Haltung zu den „Anfängertieren" unter den Reptilien. Mit seinen großen Augen und dem anscheinend immer lächelnden Mund kann man ihm fast nicht widerstehen. Sein ruhiges, aber auch neugieriges Wesen ermöglicht es dem Terrarianer schnell, das Vertrauen der Tiere zu gewinnen und sie handzahm zu bekommen. Auch die Zucht gestaltet sich bei diesen Geckos relativ einfach, wobei über die Jahre hinweg eine Vielzahl interessanter Farbformen entstanden ist. Gerade diesen

Farb- und Zeichnungsvarianten verdankt es der Leopardgecko, dass reichlich Nachzuchten auf dem Markt erhältlich sind, denn viele Halter haben sich auf das Züchten bestimmter Morphe spezialisiert und sorgen dafür, dass der Bedarf an Leopardgeckos ohne den Import von Wildfängen gedeckt werden kann. Bei den Farbzuchten sind die US-Amerikaner Vorreiter. Sie sorgen in groß angelegten Zucht-

stationen ständig für neue, aufsehenerregende Varianten. Doch auch für den weniger ambitionierten Hobbyhalter bleibt der Leopardgecko ein vielseitiger Schützling, der es im Terrarium nie langweilig werden lässt. Denn anders als so manch andere dämmerungs- und nachtaktive Geckoart ist der Leopardgecko auch tagsüber im Terrarium unterwegs, sonnt sich oder beobachtet, was sich außerhalb seines Beckens so abspielt …

Damit man lange Freude an seinen Tieren hat – und das können bei guter Pflege schon an die zwanzig Jahre oder mehr werden –, gibt dieses Buch jedem Interessierten grundlegende Informationen zur erfolgreichen Haltung und Ver mehrung dieser interessanten Ge-

ckos zur Hand. Für diejenigen, die sich für die Farbzucht interessieren, bietet dieser Leitfaden darüber hinaus auch eine Einführung in die Vererbungslehre und eine Übersicht der aktuellen Farbformen, sodass der eigenen Linienzucht nichts mehr im Wege steht.

Melanie Hartwig
Bottrop

Foto: B. Love/Blue Chameleon Ventures

Beschreibung

EUBLEPHARIS

macularius gehört zur Familie der Lidgeckos. Wie der Name schon sagt, besitzen diese Geckos bewegliche Augenlider, die sie zum Schutz der Augen beim Beutefang oder zum Schlafen schließen können. Ihre Zehen besitzen nicht die sonst so geckotypischen Haftlamellen, aber dafür gebogene, spitze Krallen, die ihnen das Klettern an rauen Untergründen ermöglichen. Die erste Beschreibung der heute unter dem Namen Leopardgecko bekannten Spezies erfolgte 1854 durch BLYTH, weitere fünf Unterarten wurden nach und nach anerkannt, sodass sich zurzeit folgende Systematik ergibt:

Der ursprüngliche Wildtyp des Leopardgeckos zeichnet sich durch einen kräftigen Körperbau mit stämmigen Beinen und den klar vom Rumpf abgesetzten, dreieckigen Kopf aus. Der Schwanz ist etwas kürzer als die Kopf-Rumpf-Länge

Klasse:	Kriechtiere (Reptilia)
Ordnung:	Eigentliche Schuppenkriechtiere (Squamata)
Unterordnung:	Echsen (Sauria)
Zwischenordnung:	Geckoartige (Gekkota)
Familie:	Lidgeckos (Eublepharidae)
Unterfamilie:	Eigentliche Lidgeckos (Eublepharinae)
Gattung:	Leopardgeckoartige (*Eublepharis*)
Art:	Leopardgecko (*Eublepharis macularius*)
Unterarten:	*Eublepharis macularius macularius*
	Eublepharis macularius afghanicus
	Eublepharis macularius fasciolatus
	Eublepharis macularius montanus
	Eublepharis macularius smithi

(KRL) und verjüngt sich zur Spitze hin. Er dient dem Tier als Fettspeicher (daher auch der Name Pakistanischer Fettschwanzgecko) und kann bei gut genährten Exemplaren Rübenform annehmen. Die Grundfärbung der Körperoberseite ist ein gelblicher Ton, während die Bauchseite cremefarben bis weiß erscheint. Über den ganzen Körper ziehen sich kleine Punkte und Flecken, die dem Leopardgecko seinen Namen gaben. Ausgewachsene Tiere erreichen eine Gesamtlänge von 20–25 cm, wobei Weibchen meistens etwas kleiner bleiben als Männchen.

Jungtiere besitzen eine von den adulten Tieren abweichende Körperzeichnung. Bei ihnen setzt sich die Färbung aus einem sattgelben Grundton und dunkelbraunen bis schwarzen Querbändern zusammen, die Kopfoberseite ist meist komplett dunkel gefärbt (mit stellenweise hellen Flecken), und im Nacken ist oft ein weißes Band zu sehen. Mit zunehmendem Alter verliert sich die klare Bänderung und löst sich in Flecken und Punkte auf. Ab einer Größe von ca. 10 cm kann man die Endfärbung erahnen, da sich dann die dunklen Zeichnungselemente nicht mehr verändern. Man vermutet, dass die Jugendfärbung in der freien Natur einen

Schutz vor gefräßigen Artgenossen darstellt.

Die Geschlechtsmerkmale sind bei adulten (geschlechtsreifen) Leopardgeckos leicht zu erkennen: Das Männchen besitzt ein paarig angelegtes Begattungsorgan, die Hemipenes, die bei der Paarung abwechselnd benutzt werden. Sie sind in Ruhelage in zwei Taschen an der Unterseite des Schwanzansatzes untergebracht, der darum deutlich verdickt ist. Zudem kann man zwischen

WUSSTEN SIE SCHON?
Mit dem Sekret aus ihren Präanalporen markieren geschlechtsreife Männchen ihr Revier.

Ein gut genährtes Weibchen der Farbform High Yellow Foto: M. Hartwig

Kopfporträt Foto: M. Hartwig

den Hinterbeinen direkt vor der Kloake silbrig glänzende sog. Präanalporen sehen, die bei Weibchen schwächer und weniger farbintensiv ausgeprägt sind. Darüber hinaus ist der Körperbau der Weibchen häufig schlanker als der von Männchen, vor allem der Nacken- und der Halsbereich können hier zur Unterscheidung hinzugezogen werden.

Verbreitung und natürlicher Lebensraum

DIE halbtrockenen bis trockenen Steppen in Afghanistan, Pakistan und der tropische Trockenwald im Nordwesten Indiens sind die natürlichen Lebensräume des Leopardgeckos. Außerdem wird ein kleines Areal im Osten Irans bewohnt. In ihrem Verbreitungsgebiet leben Leopardgeckos in kleinen Verbänden von einem Männchen mit mehreren Weibchen in Bodenverstecken zwischen der Wüstenvegetation. Die Männchen beanspruchen Reviere, die sie vehement gegen männliche Artgenossen verteidigen. Als Verstecke werden Erdhöhlen und Hohlräume zwischen Steinen oder Sträuchern aufgesucht, die tagsüber ein angenehmes Klima und Schutz vor Fressfeinden garan-

Jungtier im Biotop Foto: B. Love/Blue Chameleon Ventures

tieren. Lässt sich einmal kein geeigneter Unterschlupf finden, graben sich die Geckos selber ein Versteck – bevorzugt unter Steinplatten. Leopardgeckos sind geschickte Kletterer, die sich dank ihrer Krallen auch einmal in höheren Lagen von Felsvorsprüngen auf Jagd begeben können.

Das Klima in der Heimat der Geckos ist im Sommer etwas feuchter als im Winter, die Temperaturen können bis zu 40 °C erreichen. Im trockenen Winter fallen die Temperaturen teils bis unter den Gefrierpunkt und veranlassen die wechselwarmen Tiere dazu, eine Art Winterruhe zu halten. Je nach Region unterscheiden sich auch die Menge an Niederschlag und die daraus resultierende Luftfeuchtigkeit, sodass man nur tendenzielle Werte von 40–60 % tagsüber und bis zu 90 % nachts angeben kann.

Verbreitungsgebiete der bekannten *Eublepharis*-Arten

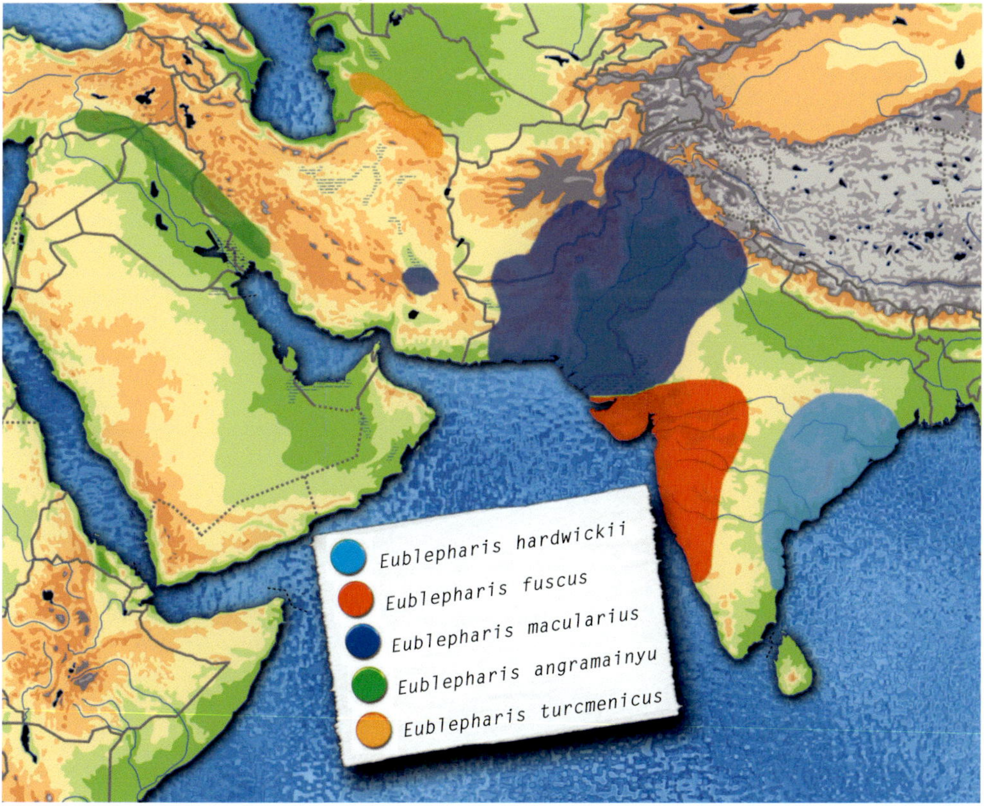

Eublepharis hardwickii

Eublepharis fuscus

Eublepharis macularius

Eublepharis angramainyu

Eublepharis turcmenicus

Lebensweise und Verhalten

ALS dämmerungs- und nacht-
aktiver Jäger ist der Leopardgecko tagsüber in der freien
Natur eher selten zu sehen. Sobald
der Tag zur Neige geht, kommen
die Tiere aus ihren Verstecken und
durchstreifen ihr Revier auf der
Suche nach Beute. Ihren Artgenossen begegnen sie dabei friedlich,
solange genug Futter vorhanden
ist und die Reviergrenzen von
Männchen nicht verletzt werden.
Rivalisierende Männchen können
einander allerdings im Kampf
schwere Verletzungen zufügen.

Leopardgeckos vermögen ihren
Schwanz im Fall eines Angriffs
abzuwerfen (Autotomie); er lenkt
durch länger anhaltende Muskel-
zuckungen den Feind vom flie-

Subadulter Patternless-Leopardgecko Foto: B. Love/Blue Chameleon Ventures

Tremper-Albino-Männchen mit Schwanzregenerat Foto: M. Hartwig

henden Gecko ab. Nach einiger Zeit wächst ein Regenerat nach, das allerdings kürzer und rübenartiger als der Originalschwanz ausfällt und in der Zeichnung von diesem abweicht.

Eine weitere Besonderheit der Leopardgeckos ist ihre Fähigkeit, Laute von sich zu geben. Jungtiere können zum Teil schrill und auch recht laut „keifen", wenn sie sich bedroht fühlen. Bei adulten

Zeichnungsloses, gelbes Exemplar Foto: B. Love/Blue Chameleon Ventures

Leopardgeckos fressen ihre alte Haut meistens komplett auf. Foto: M. Hartwig

Da diese Geckos sehr neugierige Tiere sind, ist es relativ leicht, sie handzahm zu bekommen. Schon nach kurzer Zeit assoziieren sie das Öffnen des Terrariums mit der Fütterung und kommen erwartungsvoll aus ihren Verstecken. Verhält man sich ruhig und erschreckt die Geckos nicht durch hektische Bewegungen, klettern

Exemplaren kommen diese Laute nur noch selten zum Einsatz.

Wie bei allen Reptilien wächst die Oberhaut auch beim Leopardgecko nicht mit, sondern wird von einer neuen Hautschicht „verdrängt". Dieser Wechsel kündigt sich durch eine Trübung der Färbung an, der Leopardgecko sieht dann plötzlich stumpf gräulich bis weiß aus. Bald beginnen die Tiere damit, die Haut durch Reiben an rauen Gegenständen zu lösen, sodass sie in Stücken mit dem Maul vom Körper gezogen und aufgefressen werden kann. Auf diese Art lassen sich aus der alten Haut noch Nährstoffe zurückgewinnen.

sie nach einiger Zeit sogar freiwillig auf die ihnen angebotene Hand, um sie näher zu untersuchen. Mit etwas Geduld kann man dann nach einiger Zeit die Tiere problemlos anfassen und hochnehmen. Allerdings sollte man darauf achten, dass man die Leopardgeckos niemals an ihrem

Schwanz festhält oder sogar hochhebt, da dies den Verlust desselben zur Folge haben könnte. Auch können Leopardgeckos sich recht flink bewegen, weswegen man sie nie unbeaufsichtigt außerhalb des Terrariums lassen sollte. In der Hand gehalten, neigen manche Exemplare dazu, sich durch schnelles Drehen um die eigene Achse aus dem Griff befreien zu wollen. Hält man sie dabei zu fest, können sie sich die Beine ausrenken. Daher die Geckos nie „packen", sondern sanft händeln und darauf achten, dass sie nicht aus großer Höhe herabstürzen können. Ein in die Enge getriebenes Tier greift im äußersten Fall zur letzten Waffe: Es beißt. Bei adulten Tieren kann ein solcher Verteidigungsbiss zu schmerzhaften Verletzungen führen. Verhält man sich den Leo-

WUSSTEN SIE SCHON?
Im Terrarium setzen Leopardgeckos ihren Kot an immer derselben Stelle ab. Dies erleichtert das tägliche Säubern des Beckens.

Bei der Häutung löst sich die alte Haut in großen Stücken vom Körper.
Foto: B. Love/Blue Chameleon Ventures

pardgeckos gegenüber aber richtig, wird man ein solches Verhalten nie beobachten können. Sie sind von Natur aus ruhige und umgängliche Wesen, die jedem Stress aus dem Weg gehen.

Gesetzliche Bestimmungen und der Erwerb

EUBLEPHARIS

macularius ist nicht durch gesetzliche Bestimmungen geschützt und wird leider immer noch sehr häufig der Natur entnommen, um auf dem europäischen Markt angeboten zu werden. Diese importierten Wildfänge sind häufig in einem beklagenswerten Zu-

In solchen Dosen werden auf Börsen junge Leopardgeckos angeboten.
Foto: B. Love/Blue Chameleon Ventures

Hält dieses Mädchen einen neuen Zimmergenossen auf dem Finger? Der Erwerb will gut überlegt und geplant sein. Foto: B. Love/Blue Chameleon Ventures

stand und mit Parasiten infiziert, weshalb man vom (Mitleids-)Kauf dieser Tiere nur abraten kann.

Im Vergleich zu den Wildfängen hat der Erwerb von Leopardgecko-Nachzuchten bei (privaten) Züchtern gravierende Vorteile. Einem gewissenhaften Züchter liegt das Wohl jedes seiner Tiere am Herzen, er achtet auf eine ausgewogene Ernährung und sorgt dafür, dass nur gesunde Echsen abgegeben werden – Nachzuchten sind meist frei von Parasiten und außerdem das Le-ben im Terrarium von Anfang an gewohnt. Er hilft bei der A u s w a h l der Exemplare und steht mit Rat und Tat auch nach dem Kauf noch zur Verfügung.

WUSSTEN SIE SCHON?

In vielen Inseraten werden die Geschlechter der angebotenen Tiere in Zahlengruppen angegeben. Die Zahl der Männchen steht vor dem ersten Komma, die der Weibchen danach. Bei Exemplaren unbekannten Geschlechts (meist Jungtiere) folgt eine weitere Zahl nach einem zweiten Komma. Die Zahlengruppe 1,2,5 würde demnach bedeuten, dass es sich um ein Männchen, zwei Weibchen und fünf Exemplare, sehr wahrscheinlich Junge, ohne Geschlechtsbestimmung handelt.

Leopardgeckos aus Zoofachgeschäften kommen zum Teil auch von privaten Züchtern, zum Teil sind es aber eben auch die über den Großhandel bezogenen Wildfänge. Oftmals ist die Beratung unzureichend, und bei der Geschlechtsbestimmung der ausgesuchten Tiere kann es dann auch schon mal zu „Fehlinterpretationen" kommen. Aber Ausnahmen bestätigen die Regel.

Hat man nun entweder bei einem Züchter, auf einer Reptilienbörse (Termine in der REPTILIA, siehe „Weitere Informationen") oder in einem Geschäft das Tier seiner Wünsche entdeckt, geht es an die „Checkliste" für den Erwerb eines gesunden Leopard-geckos:

Hebt man das Versteck hoch, unter dem sich das Tier be-findet, so sollte es sich auf-stellen und flink nach einem neuen Versteck Ausschau halten. Dieses Verhalten nennt man Fluchtreflex. Kranke Tiere sind oftmals zu schwach, um dieses Verhalten zu zeigen, sie bleiben apathisch liegen oder bewegen sich orientierungslos.

Die Bewegungen der Echse sollten fließend sein. Kann sich der Leopardgecko nicht richtig bewegen oder besitzt er z. B. verformte Beine, ist das ein Zeichen von Stoffwechselstörungen (vor allem Rachitis oder Osteomalazie [Mineralisationsstörung der Knochen]). Oftmals sind dann auch schon die Wirbelsäule und der Kiefer verformt.

Der Gecko soll gut genährt aussehen und einen prallen Schwanz besitzen. Ein eingefallener Schwanz deutet entweder auf eine Mangelernährung oder den Befall des Magen-Darm-Traktes durch Parasiten hin.

Die Augen müssen klar sein und dürfen weder hervorstehen noch tief in den Höhlen liegen.

Nase und Mundraum sind frei von Schleim, die Kiefer symmetrisch und ohne Verformung.

An der Kloake darf kein Kot kleben.

Der Körper muss frei von Milben sein (dabei besonders auf die Achseltaschen der Vorderbeine achten!).

Jungtiere unter einem Alter von acht Wochen sollte man nicht er-

---

DER PRAXISTIPP:

Leopardgeckos sind gesellige Tiere, denen Einzelhaltung über einen längeren Zeitraum nicht gefällt. Daher sollte man immer mindestens zwei Weibchen vergesellschaften oder eine Gruppe aus einem Männchen mit mehreren Weibchen. Von der Haltung eines Männchens mit nur einem Weibchen ist abzuraten, da ein einzelnes Weibchen in der Paarungszeit von dem Männchen zu Tode gestresst werden kann. Auch die Haltung zweier Männchen ist nicht praktikabel, da sie sich untereinander aggressiv verhalten.

Gesund aussehender Lavender-Leopardgecko in einer Verkaufsdose Foto: M. Hartwig

werben. Bei ihnen ist die Gefahr sehr groß, dass ihnen der Transportstress zu viel wird. Und Stress kann bei Leopardgeckos wie bei allen Reptilien im Extremfall zum Tod führen.

Das Geschlecht junger Leopardgeckos ist für geübte Augen schon nach ein paar Monaten zu erkennen. Möchte man aber ganz sicher sein, sollte man sich bereits etwas ältere oder adulte Tiere zulegen, bei denen die Geschlechtsmerkmale gut zu erkennen sind.

Hat das Tier in all diesen Punkten bestanden, steht dem Kauf nichts mehr im Wege.

Transport und Quarantäne

FÜR einen sicheren Transport sollte man die Geckos einzeln in Plastikbehälter setzen, deren Größe auf die der Tiere abgestimmt ist. Dabei ist zu beachten, dass die Tiere genug Platz zum Drehen haben, jedoch nicht unkontrolliert hin- und herrutschen und sich dabei verletzen können. Etwas Toiletten- oder Küchenpapier als Bodengrund und ein paar zerknüllte Blätter als Versteckmöglichkeit bilden die Ausstattung des Transportbehälters. Um die Tiere vor Kälte oder Hitze zu schützen, werden die Behälter dann noch in Styroporboxen gestellt und gegen ein Verrutschen gesichert. So verpackt können die Geckos gefahrlos transportiert werden. Tiere, denen ein Transport bevorsteht, sollten zwei Tage vor Reiseantritt nicht mehr gefüttert werden, damit der Transportstress nicht zum Auswürgen von Futter führt. Sind die Leopardgeckos im neuen Heim angekommen, sollten sie einzeln für 4–6 Wochen in Quarantäne gehalten werden, um das Übertragen von Krankheiten und Parasiten zu verhindern und die Tiere langsam einzugewöhnen. Zu

Quarantänebecken mit einem Minimum an Ausstattung. Dies erleichtert das Sauberhalten. Foto: M. Hartwig

diesem Zweck eignen sich kleine Terrarien oder Plastikboxen, die mit Küchenpapier ausgelegt werden. Für Jungtiere reichen hierbei Becken mit einer Größe von 30 x 30 x 30 cm, bei den, und im Abstand von 1–2 Wochen sollten weitere Proben folgen, um eine eventuelle Gesundheitsgefährdung durch Parasiten etc.

Für den sicheren Transport benötigt man eine Transportdose und eine Styroporbox, um die Tiere vor Hitze und Kälte zu schützen.
Foto: M. Hartwig

adulten Exemplaren sollten es dann schon 50 x 50 x 50 cm sein. Ein Wassergefäß und Versteckmöglichkeiten vervollständigen die Ausstattung. In den folgenden Wochen sollte man die Tiere weitestgehend in Ruhe lassen, damit sie sich eingewöhnen und den Transportstress abbauen können. Temperatur und Beleuchtungsrhythmus sollten den späteren Werten angepasst sein und den Grundbedürfnissen der Tiere entsprechen. Der erste Kot sollte von einem reptilienkundigen Tierarzt untersucht werden feststellen zu können. Sollten Parasiten nachgewiesen werden, behandelt man die Echsen nach Weisung des Tierarztes. Ein hohes Maß an Hygiene ist in der Quarantänezeit unabdingbar, das Wasser muss jeden Tag gewechselt, der Behälter gesäubert und frischer Kot entfernt werden. Haben die Proben über die Wochen ergeben, dass die Tiere gesund sind, kann man sie zusammen in ihr endgültiges Terrarium überführen.

Terrarium und Technik

LEOPARD

geckos sind bodenbewohnende Tiere, die jedoch auch gerne klettern. Das Terrarium muss also breiter als hoch sein und trotzdem Klettermöglichkeiten bieten, damit sich die Geckos wohl fühlen können. Für die gemeinsame Pflege zweier adulter Weibchen ist ein Becken der Maße 80 x 40 x 40 cm (Länge x Tiefe x Höhe) ausreichend, für eine Gruppe aus einem Männchen und zwei Weibchen empfiehlt sich ein 100 x 50 x 50 cm großes Terrarium. Je mehr Tiere das Becken bewohnen, desto mehr Platz muss in Grundfläche und Höhe geboten werden, damit ausreichend Raum für Verstecke und Klettermöglichkeiten vorhanden ist. Bei Jungtieren ist die Größe des Beckens an die der Tiere anzupassen, damit ihnen die Jagd nach Futter erleichtert wird. Wichtig ist, dass auch hier jedes Tier genügend Bewegungsfreiheit und Versteckmöglichkeiten hat (Vorschläge für die Maße: siehe Kapitel „Aufzucht der Jungtiere").

Leopardgeckos nutzen Heizsteine gerne, um sich zu erwärmen. Foto C. Dierks/S. Wolff

Die Frage, ob das Terrarium aus Glas, Holz oder Styropor/Styrodur gefertigt sein soll, lässt sich über den Standort klären. Holz- und Styropor-/Styrodurterrarien isolieren besser und eignen sich somit für ein Plätzchen, an dem die Umgebungstemperatur deutlich unter den Werten liegt, die im Terrarium angestrebt werden. Ein durchschnittlicher Wohnraum hat tagsüber um die 20 °C Raumtemperatur, die beim Lüften oder über Nacht auch um einige Grad darunter fallen kann. Hier wäre ein Terrarium aus Holz oder Styropor/Styrodur angebracht, da es die Wärme über den gesamten Tag stabil hält. Glasterrarien hingegen können die Temperatur nach Abschalten der Beleuchtung nicht lange konstant halten und benötigen daher eine Wärmequelle, die auch über Nacht für angenehme Temperaturen sorgt. Dies kann ein Heizstein sein oder auch die Raumheizung, wenn sich z. B. noch weitere Terrarien im selben Raum befinden.

Das Einbauen einer isolierenden Rückwand z. B. aus Styropor, beschichtet mit Fliesenkleber, ist eine weitere Möglichkeit, die Wärmedäm-mung zu erhöhen und zudem auch noch für weitere Klettermöglichkeiten zu sorgen. Der Nachteil, den Holzbecken gegenüber solchen aus Glas haben, ist das Problem der Reinigung. In den Holzfasern können sich Mi kroorganismen, Milben oder andere Schädlinge gut halten, und sich ansammelnde Feuchtigkeit kann zu Schimmelbildung führen. Eine Beschichtung mit ungiftigem, wasserunlöslichem Lack kann hier Abhilfe schaffen, Ähnliches gilt auch für Becken aus Styropor/Styrodur.

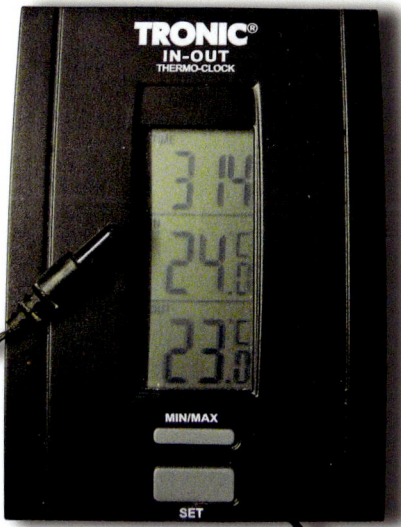

Ein Messgerät, am besten mit langem Fernfühler, hilft dabei, die Temperaturen jederzeit im Blick zu haben
Foto: K. Kunz

So könnte eine Styroporrückwand in ihrer Rohform gestaltet sein. Foto: M. Hartwig

Bei der Beleuchtung ist zu beachten, dass die Tiere einen regelmäßigen Tagesrhythmus benötigen, den man am einfachsten mit einer Zeitschaltuhr steuern kann. Handelsübliche LED-Röhren sorgen dann im Terrarium für die Grundbeleuchtung, ergänzt durch einen oder mehrere Strahler (natürlich so angebracht, dass die Tiere sich daran nicht verbrennen können), die jeweils eine Stelle im Terrarium besonders erwärmen. Heizsteine erfüllen denselben Zweck. Durch die so entstehende Wärmeverteilung im Becken wird es den Geckos ermöglicht, sich je nach Bedarf in wärmere oder kältere Regionen zu begeben. Die Leistung der Leuchtmittel hängt von der Größe des Terrariums und der Umgebungstemperatur ab. In dem von mir genutzten Terrarienraum reichen pro Glasterrarium von 100 x 50 x 50 cm jeweils zwei LED-Lampen und ein 50-Watt-Wärmestrahler. Bevor die Tiere einziehen können, muss man über einige Tage hinweg mit den Lampen „experimentieren", um die optimale Einstellung zu finden. Der Strahler sollte einen Punkt auf bis zu 35 °C erwärmen, während die kühlste Stelle im

Terrarium um die 25 °C aufweisen sollte. Bei kleineren Terrarien, z. B. für Jungtiere, ist diese Temperaturverteilung nicht zu erreichen, hier sollte eine Durchschnittstemperatur von etwa 28 °C vorherrschen. Nachts können die Temperaturen auf 20–22 °C absinken, dann werden alle Leuchtmittel ausgeschaltet.

Neben den Wärmestrahlern kann man noch eine UV-Lampe ins Terrarium einbringen. Diese gibt dann einen gewissen Anteil an UV-Strahlung ab, der bei den Geckos zur Vitamin-D-Bildung über die Haut aufgenommen wird. Um sich über die Strahlungsanteile in den Spektren einzelner Lampentypen zu informieren, sollte man die Herstellerangaben beachten, dasselbe gilt für den Abstand der Lampen zu den Tieren. Für ein 100 x 50 x 50 cm großes Terrarium empfiehlt es sich, einen 60-Watt-UV-Spot oder Niederenergie-D_3-Spot außer Reichweite der Tiere über einem Ruheplatz zu installieren.

Dass eine Überhitzung ausgeschlossen sein muss, versteht sich von selbst.

Die Beleuchtungsdauer liegt das Jahr über bei zwölf Stunden täglich, lediglich in der Winterruhe wird sie reduziert (siehe unten). Die Kabel für die Beleuchtung lassen sich problemlos durch Lochbohrungen im Belüftungsgitter führen und verschwinden so fast völlig aus dem Blickfeld.

Ein Terrarium für Leopardgeckos lässt sich gut in den Wohnraum integrieren.
Foto: B. Love/Blue Chameleon Ventures

Die Terrarieneinrichtung

DER Bodengrund eines Leopardgecko-Terrariums sollte aus einem quarzfreien Substrat bestehen. Die Tiere laufen nur ungern über weichen und losen Sand, daher empfehlen sich entweder ein Sand/Lehm-Gemisch oder ein Terrariensand, die im trockenen Zustand sozusagen aushärten. Das Bodensubstrat sollte den Tieren das Graben ermöglichen und die Körnung fein genug sein, dass eine eventuelle Substrataufnahme beim Fressen nicht zu Verstopfungen führt. Grobe Steinchen sind genauso ungeeignet wie spitzkantiger und gefärbter Kies. Der im Fachhandel erhältliche Calci-Sand von Dragon beispielsweise eignet sich zum Unter-

mischen. Sollte dieses Granulat einmal von einem Tier verschluckt werden, ist es aufgrund seiner kugeligen Form weitgehend ungefährlich und liefert darüber hinaus dem Körper noch wichtiges Kalzium.

Neben einer Wasserschale gehören Höhlen, Äste und Korkstücke zur Grundeinrichtung. Bei Steinaufbauten muss man darauf achten, dass die Tiere sie nicht durch Untergraben zum Einsturz bringen und sich dabei verletzen können. Wer mag, kann das Terrarium mit lebenden, trockenheitsresistenten Pflanzen verschönern. Hierbei ist jedoch darauf zu achten, dass man keine stacheligen Exemplare wie Kakteen nimmt, da sich die Geckos bei der Jagd sonst leicht verletzen könnten. Dickblättrige Sukkulenten sind da eher geeignet, auch Steppen-Tillandsien können verwendet werden. Da die Leopardgeckos Fleischfresser sind, besteht durch sie keine Gefahr für die Bepflanzung. Lediglich die Futterinsekten bedienen sich gerne mal an dem frischen Grünzeug, weshalb man den Pflanzen doch eine gewisse Pflege zukommen lassen muss.

DER PRAXISTIPP

Eine passgenaue Rückwand lässt sich für jedes Terrarium einfach selber basteln. Eine 18–20 mm starke Styroporplatte wird auf die Größe der Rückwand zurechtgeschnitten und mit zu Vorsprüngen zusammengefügten Styroporstücken verschönert, die mit Silikon aufgeklebt werden. Mit etwas Nitroverdünnung lassen sich Vertiefungen in das Styropor ätzen (auf gute Belüftung und Atemschutz achten!). Sobald die Struktur erstellt ist, kommen mindestens vier Schichten Flexfliesenkleber auf die Rückwand, um für die benötigte Stabilität zu sorgen. In die letzte Schicht kann man etwas Abtönfarbe einmischen oder sie nach dem Trocknen mit ungiftigem Granitspray besprühen, um eine natürliche Optik zu erreichen. Die fertige Rückwand sollte genügend Zeit zum Aushärten haben, bevor man sie ins Terrarium einfügt, so man sie nicht direkt dort erstellt.

Beispiele für die Terrarieneinrichtung mit und ohne Rückwand Fotos: M. Hartwig

Pflege und Ernährung

DER terraristische „Alltag" besteht aus dem täglichen Säubern der Toilettenecke(n), dem Wechseln des Wassers, dem Gesundheits-Check der Tiere und der Fütterung. Da die Leopardgeckos unverzüglich nach dem Eingewöhnen eine bestimmte Stelle im Terrarium für ihr tägliches „Geschäft" aussuchen, ist das Entnehmen des Kotes relativ schnell erledigt.

und ermöglichen somit ein schnelles Handeln im Krankheitsfall. Zur optimalen Hygiene sollte man für jedes Terrarium immer einen eigenen „Kotlöffel" verwenden, der nach dem Gebrauch gründlich gereinigt wird, um das Übertragen von Krankheiten zu verhindern. Der Wassernapf ist ebenfalls ein potenzieller Herd für Mikroorganismen und muss daher täglich gründlich gereinigt und mit frischem Wasser befüllt werden. Zur Reinigung der Schale und von anderen

Mit einem kleinen Löffel lassen sich die Exkremente, die bei einem gesunden Tier aus einem kleinen weißen Teil (Harnstoff) und einem bohnenförmigen dunklen Teil bestehen, aus dem Terrarium entfernen. Auffälligkeiten wie z. B. dünner oder stark mit Sand durchsetzter Kot lassen sich beim täglichen Reinigen sofort feststellen

Dieser Leopardgecko bekommt eine Grille angeboten. Foto: M. Hartwig

Einrichtungsgegenständen benutzt man am besten eine Bürste und heißes Wasser.

Während man das Terrarium säubert, bieten die neugierig aus den Verstecken kommenden Geckos die perfekte Gelegenheit, sich ein Bild vom Gesundheitszustand der einzelnen Schützlinge zu machen. Dünner werdende Schwänze, kleinere Verletzungen oder Häutungsreste können dabei ohne Stress für die Tiere erkannt werden.

Morgens und abends wird mit einem feinen Pumpsprüher die Terrarieneinrichtung überbraust, um die notwendige Luftfeuchtigkeit von durchschnittlich rund 30–50 % zu erreichen. Am besten nutzt man dafür Momente kurz vor Beginn oder Ende der Beleuchtungszeit, da sich die Feuchtigkeit so

ren. Dabei stehen Insekten wie Heimchen, Grillen und Heuschrecken auf dem regelmäßigen Fütterungsplan. Protein- und fettreiche Mehlwürmer und Wachsmottenlarven gelten als Leckerli und sollten nur in Maßen verfüttert werden, da ansonsten Organverfettungen auftreten können, die im Extremfall den Tod des Tieres zur Folge haben. Leider sind die genannten Futterinsekten nicht

am besten hält und durch die hohen Tagestemperaturen nicht sofort verdunstet. Eine Höhle wird dabei noch extra befeuchtet, damit sich in der Häutung befindliche Geckos dorthin zurückziehen können.

Da Leopardgeckos in der Dämmerung jagen, sollte man die Fütterung immer am Abend durchfüh-

ausreichend für die Versorgung der Geckos mit Vitaminen, Mineralstoffen und Spurenelementen, daher muss das Futter immer mit entsprechenden Präparaten aufgewertet werden. Bewährt haben sich z. B. Reptivit, Nekton Rep/ MSA/Colour und Calca-Mineral,

Für die tägliche Hygiene sollte man ein Handdesinfektionsmittel und für jedes Terrarium ein eigenes Döschen für die Kotentnahme nebst dazugehörigem Löffel benutzen.
Foto: M. Hartwig

die jeweils in Pulverform über die Futterinsekten gestäubt oder auch mal im Trinkwasser aufgelöst werden. Zum Einpudern des Futters setzt man die Insekten in eine kleine Dose, gibt ein wenig von dem Präparat dazu und schüttelt sachte, bis alle Futtertiere eingestäubt sind.

Vorsicht ist m. E. bei dem Produkt Korvimin ZVT geboten, da es anteilig zu viele Vitamine und zu wenig Kalzium enthält und somit entweder zu einer Unterversorgung beim Kalzium oder einer Überdosierung der Vitamine führen kann. Die Menge und Größe der Futtertiere eines jeden Leopardgeckos hängt vom jeweiligen Tier ab – Schlüpflinge fressen problemlos kleine bis mittlere Heimchen und Grillen, während ausgewachsene Tiere große Heimchen und auch mittlere bis große Heuschrecken vertilgen. Sobald keine Futterinsekten mehr im Terrarium herumlaufen, sollte man wieder füttern. In der Praxis sieht das dann oftmals so aus, dass man in der Eingewöhnungsphase nur alle paar Tage füttert, da die Tiere stressbedingt nicht viel fressen, später jedoch täglich für Nachschub zu sorgen ist. Bei einer adulten Gruppe aus drei Tieren kann man pro Fütterung problemlos eine komplette Dose Heimchen ins Terrarium geben. Diese sollten allerdings vorher über einige Tage hochwertig z. B. mit Hundeflocken, Karotten, Apfel etc. angefüttert werden. Einmal im Monat bekommen meine Tiere als besonderen Leckerbissen Mehlwürmer oder Wachsmottenlarven. Die Mehlwürmer werden in einem steilwandigen Schälchen ins Terrarium gestellt, da sie sich ansonsten sofort im Substrat verteilen und von den Geckos nicht mehr gefressen werden können. Bei den Wachsmottenlaven wird gezielt jedes Tier von Pinzette gefüttert, sodass man die Menge genau dosieren kann. Manch ein Leopardgecko frisst auch gerne mal ein aufgetautes Mäusebaby, allerdings darf man es damit auch nicht übertreiben. Weibchen, die Gelege abgesetzt haben, kann man allerdings mit Mäusebabys schnell verloren gegangene Energie wiedergeben. Was definitiv nicht auf den Speiseplan gehört, sind Milchprodukte wie Jogurt oder Quark sowie Früchte. Auch Hunde- oder Katzenfutter gehören nicht zu einer artgerechten Ernährung. Da diese Produkte in der natürlichen Heimat der Leopardgeckos nicht vorkommen, ist ihr Verdauungssystem nicht darauf eingerichtet. Das kann zu Mangelerscheinungen, Durchfall, Verstopfungen und sogar zu ihrem Tod führen. Die für die richtige Ernährung wichtigen Futtertiere sind aber zum Glück heutzutage in vielen Zoofachgeschäften, Terraristik-Läden und auch übers Internet zu beziehen, sodass der optimalen Versorgung der Pfleglinge nichts im Wege steht. Wer eine große Zahl an Tieren pflegt, sollte vielleicht darüber nachdenken, ob sich nicht eine eigene Futtertierzucht lohnt.

> **DER PRAXIS-TIPP**
>
> Zudem ermöglicht ein Schälchen mit fein geraspelter Sepiaschale im Terrarium den Tieren zu jeder Zeit, eine Extraportion Kalzium aufzunehmen, das für den Knochenaufbau und die Eiproduktion wichtig ist.

Die Tiere nehmen auch Futter aus der Hand an. Foto: B. Love/Blue Chameleon Ventures

Winterruhe

SOBALD die Leopardgeckos geschlechtsreif sind, sollte man sie für einige Wochen pro Jahr in die Winterruhe schicken. Dies fördert die Fortpflanzungsbereitschaft im kommenden Frühjahr und ermöglicht es Tieren, die schon Gelege hatten, zu regenerieren. Tiere unter einem Jahr sollte man allerdings nicht überwintern, da diese noch in der Wachstumsphase sind und über die Wintermonate am besten weitere Fettreserven aufbauen. Ab Ende Oktober sollte man dafür die Beleuchtungsdauer und die Temperatur langsam reduzieren. Da das Verdauungssystem der Leopardgeckos zur reibungslosen Arbeit mindestens 25 °C Umgebungstemperatur benötigt, muss man das Füttern ebenfalls zurückfahren und schließlich ganz einstellen, damit die Tiere ihren Darm komplett entleeren können, bevor die Temperaturen zu stark gesunken sind. Dazu sollte man die Temperaturen über einen Zeitraum von ca. zwei Wochen bei 25–27 °C halten und in dieser Zeit nicht mehr füttern. Sobald jedes Tier gekotet hat, kann man die Temperaturen weiter absenken, bis sie schließlich

bei 15–18 °C liegen. Die Beleuchtung kann dabei komplett wegfallen, allerdings hat es sich bewährt, wenn man den Geckos noch einen gewissen Tag-Nacht-Rhythmus erhält. Dies erreicht man z. B. durch die Unterbringung der Tiere in einem trockenen Keller, durch dessen Fenster auch in der kalten Jahreszeit noch etwas Licht fällt. Für die Winterruhe benötigen die Leopardgeckos nicht viel: Eine mit Küchenpapier ausgelegte Box einer Größe von 30 x 30 x 30 cm mit Versteck und Wasserschale reicht völlig – vergleichbar mit der Unterbringung in der Quarantänezeit. Aufgrund der reduzierten Temperatur werden die wechselwarmen Tiere ruhiger und bleiben fast ausschließlich in ihren Verstecken. Nur zum Trinken kommen sie noch heraus, daher muss ihnen auch in der Winterzeit immer frisches Wasser zur Verfügung stehen. Nach 6–8 Wochen kann man dann die Beleuchtung und Temperatur über ca. zwei Wochen schrittweise wieder erhöhen und ab 26 °C auch wieder füttern. Sobald die Beleuchtungsdauer und die Temperatur wieder Normalwerte er-

Die richtigen Bedingungen sind wichtig für eine erfolgreiche Zucht. Foto: M. Hartwig

reicht haben, können die Geckos in ihr Terrarium zurückkehren.

Sollte es nicht möglich sein, den Tieren in der Winterzeit eine so starke Temperaturabsenkung zu bieten, so ist es oftmals schon ausreichend, wenn die Beleuchtung reduziert und weniger gefüttert wird, damit die Geckos sich erholen können. Generell sollte man aber in dieser Phase das Männchen von seinen Weibchen trennen. In den letzten Jahren konnte ich immer wieder beobachten, wie einzelne Tiere von selbst in Winterruhe gingen, ohne dass ich etwas an der Beleuchtung oder der Temperatur verändert hätte – sogar die erst wenige Monate alten Jungtiere wurden zum Jahresende hin inaktiver und fraßen weniger. Trotzdem sollten wie schon erwähnt junge Leopardgeckos und solche, die wenig Fettreserven im Schwanz haben oder kurz zuvor krank waren, nicht gezielt in Winterruhe geschickt werden. Für sie würde die Winterruhe zu einer kritischen Durststrecke, in dieser Zeit sollten sie stattdessen besser ordentlich fressen und wachsen.

Vermehrung

NACH der Winterruhe beginnt im Frühjahr die Paarungszeit der Leopardgeckos. Das Männchen umwirbt dann seine Weibchen, indem es sich zur Schau stellt und mit dem erhobenen Schwanz langsam wedelt. Solange die Weibchen noch nicht paarungsbereit sind, werden sie das Männchen ignorieren und es vertreiben, sollte es ihnen zu nahe kommen. Um den Stress für die Weibchen so gering wie möglich zu halten, sollte man immer mindestens zwei Weibchen mit einem Männchen vergesellschaften, damit sich sein Werben nicht nur auf ein Tier fixiert, und für genügend Rückzugsmöglichkeiten wie Höhlen und Verstecke aus Korkplatten z. B. sorgen, in die das Männchen nicht folgt. Ist dann schließlich ein Weibchen zur Paarung bereit, wird es beim Deckakt vom Männchen durch relativ sanfte Bisse in Nacken und Schulterbereich festgehalten. Dabei können leichte Verletzungen entstehen, die aber normalerweise schnell und problemlos verheilen. Etwa 1–1,5 Wochen nach der erfolgreichen Befruchtung kann man beim Weibchen seitlich vor den Hinterbeinen jeweils ein Ei durch die Haut schimmern sehen. Trächtige Weibchen benötigen während der Fortpflanzungszeit eine sehr ausgewogene und vollwertige Ernährung, besonders auf eine ausreichende Versorgung mit Kalzium ist zu achten, da die Produktion der Eier dem Weibchen viele Mineralstoffe entzieht. Zudem zeigen die Weibchen meist einen gesteigerten Appetit, der kurz vor der Eiablage in eine Fastenzeit übergehen kann, aber nicht muss. Nach ca. vier Wochen werden dann die ersten zwei Eier gelegt. Dazu scharrt das Weibchen an einer leicht feuchten Stelle eine Grube, die es nach der Eiablage wieder sorgfältig zubuddelt und noch einige Zeit bewacht. Um das Auffinden der Eier zu erleichtern, sollte man den Weibchen Eiablageboxen anbieten. Diese blickdichten Plastikdosen (zum Beispiel ausgediente Tupperdosen oder Eiscremeboxen) werden mit leicht feuchtem und grabfähigem Substrat zu zwei Dritteln angefüllt. Dazu eignen sich ein Sand/Lehm-Gemisch, Torf, *Sphagnum*-Moos oder Vermiculit. Welches Substrat die Tiere bevorzugen, muss ausprobiert werden, eige-

Ein trächtiges Weibchen mit deutlich zu erkennendem Ei in der Bauchhöhle Foto: M. Hartwig

nen Variationen steht da nichts im Wege. Die Box sollte so groß sein, dass das Weibchen sich darin problemlos wenden kann. Um den Charakter einer Höhle aufkommen zu lassen, wird die fertige Dose mit einem Deckel verschlossen, in dem sich ein Einstiegsloch befindet. Man kann statt dieser selbst gebastelten Version auch sog. „Wet-Boxen" im Fachhandel erwerben, die sich mit ihrer Felsoptik etwas natürlicher in das Bild eingliedern. Die fertige Eiablagebox lässt sich beliebig im Terrarium platzieren, sie sollte nur nicht direkt unter einem Strahler stehen, damit das Substrat nicht zu schnell austrocknet und überhitzt.

Jedes Gelege muss aus dem Terrarium entfernt werden, da dort meist die Voraussetzungen zum Heranreifen der Jungtiere nicht ideal sind und Schlüpflingen Gefahr durch die Eltern droht. Vor der Entnahme sollte man bei den Eiern mit einem weichen Bleistift die Oberseite markieren, um ein Drehen beim Umsetzen zu vermeiden, das zum Absterben des Embryos führen würde. Ob ein Ei befruchtet ist oder nicht, zeigt sich normalerweise erst im Lauf der ersten Inkubationswochen. Unbefruchtete Eier werden schnell gelblich und fallen ein („Wachsei") oder verpilzen. Befruchtete Eier hingegen nehmen stetig an Volumen zu und haben eine leicht

Eine Handvoll neues Leben ... Foto: B. Love/Blue Chameleon Ventures

elastische Schale ohne tiefere Dellen. Die Eier kommen zur Inkubation in kleine Dosen (z. B. Heimchendosen), die ebenfalls mit leicht feuchtem Substrat gefüllt sind. Mit einem reichlich durchlöcherten Deckel versehen, kann man die Dose dann in einen im Fachhandel erhältlichen oder selbst gebauten Inkubator überführen, der mit seiner konstanten Temperatur und Luftfeuchtigkeit die optimale Bedingung für die Eizeitigung schafft. Über die Temperatur lassen sich die Inkubationsdauer und das Geschlecht der Jungtiere beeinflussen. Je höher die Temperatur, desto schneller schlüpfen die Babys – bei un-

gefähr 28 °C liegt die durchschnittliche Dauer bei 45–55 Tagen, bei 26 °C können es schon 60–70 Tage werden. Für die Festlegung des Geschlechts sind die ersten 20 Tage entscheidend. Hier muss die Temperatur konstant bleiben, um ein sicheres Ergebnis zu erzielen. Die Richtwerte liegen dabei wie folgt: 24 °C = Männchen, 24,5–27 °C = Weibchen, 27,5–30,5 °C = Männchen und Weibchen zu ähnlichen Teilen, 31–32 °C = überwiegend Männchen, 32,5–33 °C = Weibchen. Bei Temperaturen von über 32 °C werden die Jungtiere in ihrer Färbung heller, jedoch bedeutet dieser Temperaturbereich auch ein potenzielles Risiko für die ungeborenen Babys. Nicht selten sterben die Embryos dann schon im Ei ab, oder es schlüpfen geschwächte Tiere. Weibchen, die bei hohen Temperaturen (heiß) gezeitigt wurden, sind zudem oft aggressiv ihren Artgenossen und dem Menschen gegenüber, was bis zur kompletten Unverträglichkeit anderer Lebewesen gegenüber reichen kann. Aus den genannten Gründen sind derart hohe Temperaturen bei der Bebrütung natürlich abzulehnen.

Während der Inkubation muss man regelmäßig die Substratfeuchte überprüfen. Ist das Substrat zu feucht, nehmen die Eier zu viel Wasser auf, und der Embryo ertrinkt. Liegen die Eier zu trocken, trocknen sie auch von innen aus. Als Richtmaß sollte das Substrat beim Ausdrücken gerade nicht mehr nicht tropfen.

Kurz vor dem Schlupf können die Eier etwas einfallen. Manchmal weisen kleine „Schweißtröpfchen" auf der Schale auf den baldigen Schlupf hin. Ist dann ein Jungtier geschlüpft, wird es sofort vom Inkubator in einen Übergangsbehälter überführt, der mit Küchenpapier ausgelegt und an einen 28–30 °C warmen Ort gestellt wird. Dort kann das Baby in

Ruhe die Reste des Dottersacks resorbieren und sich von den Strapazen des Schlupfes erholen. Sollte ein Jungtier Probleme beim Schlupf haben – also die Eischale vielleicht nur ein winziges Stück angeritzt bekommen, ohne jedoch die Schnauze rauszustrecken –, so kann man vorsichtig mit einer Pinzette mithelfen. Bei Eiern,

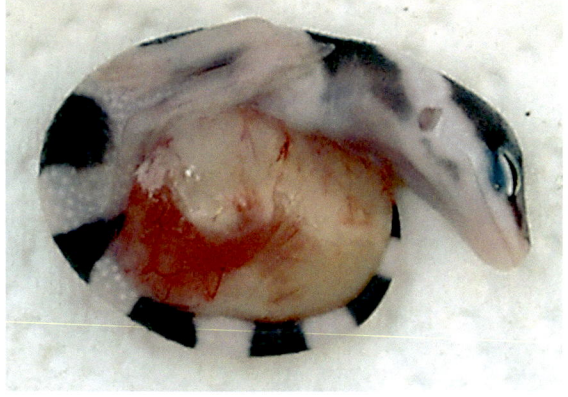

DER PRAXISTIPP
Um das Übergreifen von Schimmelpilzen im Inkubator zu verhindern, kann man zermahlene Aktivkohle aus dem Aquarienbedarf unter das Brutsubstrat mischen. Dies schadet den Eiern nicht, verhindert aber das Wachstum und die Verbreitung der Schimmelsporen.

die über die Zeit hinaus im Inkubator liegen, kann man sich beim Durchleuchten vor einer hellen Lampe vergewissern, ob sich darin ein Jungtier befindet.

Denn manchmal halten sich auch unbefruchtete Eier wochenlang,

Dieses Baby ist vor dem Schlupf verstorben. Deutlich zu erkennen sind hier die Lage, die der Embryo im Ei eingenommen hatte, und der pralle Dottersack, der zur Ernährung des Babys diente. Foto: M. Hartwig

Männchen ...

ohne auffällig zu werden. Ist ein „Schatten" im Ei zu erkennen, kann man im Notfall das Ei vorsichtig öffnen – allerdings birgt das eine große Gefahr für den Gecko, denn gesunde Tiere sind selbst in der Lage, den optimalen Schlupfzeitpunkt zu bestimmen und auch erfolgreich zu bestehen. Wenn ein Baby dies nicht aus eigenem Antrieb schafft, ist es meist auch zu schwach zum Überleben oder gar noch nicht vollständig entwickelt. Daher sollte man nur wirklich im äußersten Notfall ein Ei öffnen.

Bei Leopardgeckos beobachtet man das unter Reptilien relativ häufige Phänomen der Vorratsbefruchtung: Weibchen können nach einer Begattung Spermien lange speichern und damit im Lauf der

Aufzucht der Jungtiere

DIE frisch geschlüpften Jungen haben manchmal den über die Nabelschnur verbundenen Dottersack noch nicht vollständig resorbiert und sollten daher, um die Infektionsgefahr zu mindern, auf Küchenpapier gesetzt werden, bis sich der Nabel geschlossen hat. Das erste Futter, bestehend aus kleinen Heimchen oder Grillen, die mit demselben Vitamin- und Mineralstoffpulver bestäubt werden wie bei erwachsenen Tieren, fressen die jungen Leopardgeckos in der Regel am Tag nach dem Schlupf selbstständig, sobald die Vorräte des Dottersacks aufgebraucht sind. Das Jagen ist den Tieren angeboren, trotzdem stellen sie sich anfangs aufgrund der fehlenden Übung oft tollpatschig an, und nicht jeder Versuch ist dann auch von Erfolg gekrönt. Damit bei diesen

Zeit etliche Gelege befruchten. Nach der ersten Eiablage folgen im Abstand von ca. 14 Tagen weitere, ohne dass also eine weitere Paarung stattgefunden haben müsste. Je nach Alter des Weibchens sind so bis zu elf Gelegen in einer Saison möglich. Gegen Ende August stellen die Geckos ihre Paarungstätigkeit normalerweise ein, bei optimaler Haltung können allerdings auch noch bis in den Oktober hinein Gelege produziert werden. Nach jedem Gelege sollte man die Weibchen mit reichlich Futter, Vitaminen, Mineralstoffen und vor allem Kalzium wieder aufbauen. Ab und an kann dafür auch schon einmal ein Mäusebaby verfüttert werden, Wachsmottenlarven eignen sich ebenfalls sehr gut.

... und Weibchen Foto: M. Hartwig

Fehlversuchen nicht unnötig Substrat mit aufgenommen wird, das bei so kleinen Tieren schnell zu Verstopfungen führen würde, müssen die Jungtiere die erste Zeit auch weiter auf Küchenpapier gehalten werden. Als Schutz vor Fressfeinden reagieren die kleinen Geckos auf potenzielle Gefahren mit lauten Zisch- und Keifgeräuschen. Bedrängt man sie, beißen sie auch mal zu – davon merkt man aber fast nichts, da die Mäulchen einfach noch zu klein und die Kiefer zu schwach sind, um irgendeinen Schaden anzurichten. Je älter die Tiere werden und je mehr man sich mit ihnen z. B. beim Reinigen der Terrarien beschäftigt, umso ruhiger werden sie, bis sie schließlich die gleiche ungezwungene Neugier an den Tag legen, die man von den erwachsenen Leopardgeckos

Kleine Leopardgeckos wehren sich mit lautem Gekeife gegen potenzielle Feinde.
Foto: M. Hartwig

Im Alter von zwei Monaten lösen sich die dunklen Bänder zu kleinen Flecken auf, und die Farben werden leuchtender.
Foto: M. Hartwig

gewöhnt ist. Aber bis dahin empfiehlt es sich, die Babys so selten wie möglich anzufassen oder zu bedrängen, da sie sehr stressanfällig sind. Auch ein unvorsichtiger Griff am Schwanz wird fast immer dessen Abwurf provozieren.

Die Größe des Aufzuchtbeckens hängt von der Anzahl der Jungtiere ab, die man zusammen darin großziehen möchte. Generell kann man Leopardgeckos gleichen Alters in kleinen Gruppen pflegen, aber auch die Einzelhaltung ist möglich. Bei der Gruppenhaltung sollte man den Tieren ein Becken mit ausreichend Versteckmöglichkeiten bieten, das aber nicht zu groß bemessen sein darf, da die Jungtiere ansonsten Probleme bei der Nahrungssuche

haben können. Für 4–6 Babys empfiehlt sich zuerst ein Terrarium der Größe 40 x 40 x 30 cm und später dem Wachstum angepasst ein Maß von 60 x 40 x 40 cm. Neben den Verstecken dürfen eine Wasserschale und ein paar Kletteräste nicht fehlen. Für die Beleuchtung reicht eine Tisch- oder Klemmlampe, die das Becken von außen anstrahlt. Da die Grundansprüche der kleinen Leopardgeckos sich nicht von denen der erwachsenen Tiere unterscheiden, muss man auch bei den Aufzuchtbecken für eine ausreichende Temperatur und den Tag-Nacht-Rhythmus sorgen. Sollte die Beleuchtung nicht zum Erreichen der gewünschten Temperatur führen, kann man auch hier einen kleinen Heizstein zur Hilfe nehmen. Die Gruppenhaltung etwa gleichaltriger Jungtiere hat den Vorteil, dass die Geckos in einer natürlichen Umgebung mit Artgenossen aufwachsen. Der Futterneid sorgt dafür, dass sich die Jagdfertigkeiten der Kleinen rasch verbessern, und das Erkämpfen einer Rangordnung bereitet sie auf das spätere Zusammenleben in Gruppen vor. Bis zur Geschlechtsreife kann man Männchen wie Weibchen problemlos zusammen pflegen, jedoch ist darauf zu achten, dass man frühreife Tiere sofort separiert, um Paarungen und Revierkämpfe zu unterbinden. Bei der Aufzucht in Gruppen ist es allerdings schwieriger, die Fortschritte jedes einzelnen Geckos im Auge zu behalten und eventuelle Probleme frühzeitig zu erkennen. Gerade der Futterneid kann nämlich dazu führen, dass ein Artgenosse das wackelnde Schwanzende eines Mitstreiters für leichte

Beute hält und zubeißt. Dies führt fast immer zum (teilweisen) Schwanzverlust des gebissenen Tiers, dem aber kurz darauf ein Regenerat nachwächst. Bei der Einzelhaltung hat man dagegen die optimale Kontrolle über das Fressverhalten, die Gesundheit und Entwicklung des Tiers. Jedoch ist der Versorgungsaufwand bei mehreren kleinen Becken deutlich höher als bei der Gruppenhaltung in einem Terrarium. Für die Aufzucht zweier Geschwister kann man Becken der Größe 40 x 40 x 30 cm nutzen, Einzeltiere können in einem 25 x 25 x 30 cm messenden Behälter gepflegt werden. Ab einem Alter von etwa drei Wochen sind die Jungtiere so weit, dass man sie auf sandiges Substrat setzen kann. Gefüttert wird täglich so viel, dass jedes Jungtier sich satt fressen kann. Nicht gefressene Futterinsekten stellen keine Gefahr für die kleinen Geckos dar und können ruhig im Terrarium

**Frisch geschlüpfter
Leopardgecko**
Foto: B. Love/Blue
Chameleon Ventures

belassen werden. Wichtig ist die ausreichende Versorgung mit Kalzium, damit der Knochenauf-bau ungestört vorangehen kann. Ein Mangel an Vitaminen und Mineralstoffen macht sich bei den Kleinen sofort bemerkbar und muss schnellstens behoben werden, da ansonsten lebenslan-ge Schäden zurückbleiben kön-nen. Mit ca. vier Monaten sind die Ausbeulungen der Hemipenis-taschen an der Schwanzwurzel der Männchen erkennbar, sodass eine Geschlechtszuordnung leicht fallen sollte. Jedoch muss man dabei bedenken, dass sich die Jungtiere unterschiedlich schnell entwickeln können und daher die markanten Merkmale bei dem einen oder anderen Gecko auch einmal etwas später zu sehen sind als bei den Artgenossen. Spätestens mit acht Monaten sollte man die Männchen dann separat unterbringen, da mit dem Zeitpunkt der Geschlechtsreife auch die Aggressionen gegenüber anderen Männchen aufkommen und Streitereien oder sogar Kämpfe dann nicht mehr auszuschließen sind. Die Weibchen kann man aber problemlos weiter in Gruppen pflegen.

Farb- und Zeichnungsformen

ES sind u. a. die vielfältigen Farb- und Zeichnungsformen, die dem Leopardgecko zu so großer Beliebtheit verholfen haben. Im Folgenden werden die aktuellen Varianten kurz vorgestellt.

Normale und Ultra-Yellow-Farbform des Leopardgeckos
Foto: B. Love/Blue Chameleon Ventures

Aberrant/Jungle	Leopardgeckos, die statt der geordneten Querbänderung eine unregelmäßige Körperzeichnung vorweisen, bezeichnet man als Jungle.
Amelanismus	Fachbegriff für das Fehlen des schwarzen Pigmentes Melanin. Umgangssprachlich werden solche Tiere als Albino bezeichnet, obwohl echte Albinos rot schimmernde Augen besitzen. Bei ihnen ist das Schwarz der Zeichnung durch einen mehr oder weniger dunklen Braunton ersetzt.
APTOR	Albino-Patternless-Tremper-Orange ist eine neue Zuchtform aus den USA. Die Geckos fallen durch einen zeichnungslosen und leuchtend orange Körper auf.
Axanthismus	Das Fehlen des gelben Pigments nennt man Axanthismus, es ist bei den Farbformen Snow und Mack Snow zu sehen.
Baldy	Umgangssprachlich steht Baldy für „Glatze" – gemeint sind damit Leopardgeckos, die keinerlei Zeichnung auf dem Kopf aufweisen.
Banana Blizzard	Bei der Vermischung von Patternless- und Blizzardgenen können Banana Blizzards entstehen. Sie sind im Gegensatz zum normalen Blizzard gelblich gefärbt und können einen komplett gelben Bauch besitzen.
Banded	Eine spezielle Form des Jungle ist das Verschwimmen der Flecken zu ausgeprägten Bänderungen.
Bell Albino	Die Eheleute Bell aus den USA züchten ihre eigene Albino-Linie. Diese Tiere besitzen auch adult noch ihre roten Augen.
Blazing Blizzard	Blazing Blizzards entstehen durch das Zusammentreffen von Albino- und Blizzardgenen. Die Tiere sind beim Schlupf extrem rosa gefärbt und besitzen rote Augen.
Blizzard	Diese Geckos sind vom Schlupf an rosig bis violett gefärbt und besitzen keinerlei Zeichnung.

APTOR Foto: S. Sykes

Banana Blizzard Foto: S. Sykes

Bell Albino Foto: S. Sykes

Blazing Blizzard Foto: M. Hartwig

Blizzard Foto: M. Hartwig

Carrot-Head	Ein Tier mit einer ausgeprägt orange (sozusagen „karottenfarbene") Kopfzeichnung nennt man Carrot-Head.
Carrot-Tail	Beim Carrot-Tail ist mindestens ein Drittel des Schwanzes orange gefärbt.
Chocolate Albino	Chocolate Albinos können bei jeder der drei Albino-Linien auftreten. Diese Tiere sind bei einer niedrigen Temperatur inkubiert worden und weisen eine schokoladenbraune Färbung auf. Schlüpflinge sind dabei manchmal so dunkel gefärbt, dass man sie für „normale" Leopardgeckos halten könnte.
Circle Back	Als Circle Backs bezeichnet man Tiere mit einer deutlichen kreisrunden Zeichnung auf dem Rücken.
Eclipse	Dieses relativ selten auftretende Phänomen besteht in komplett schwarz gefärbten Augen.
Giant	Im Gegensatz zu durchschnittlichen Leopardgeckos können Giants ein enormes Gewicht und eine stolze Gesamtlänge erreichen. Zurzeit hält der Giant Albino „Moose" von Ron Tremper (USA) den Rekord mit 156 g und einer Gesamtlänge von 28,26 cm.
High Yellow	Dies ist wohl neben der Wildform die häufigste Farbvariante unter den Leopardgeckos. Sie bezeichnet einen deutlich erhöhten Gelbanteil in der Körperfärbung bis hin zum Fehlen der dunkleren Querbänderung.
Hybino/Sunglow	Hybinos sind Albinos mit reduzierter Fleckenbildung. Kommt noch ein orange Schwanz und eine leuchtend gelborange Körperfärbung hinzu, spricht man von einem Sunglow.
Hypo	Die Bezeichnung Hypo steht als Abkürzung für Hypomelanismus, was so viel bedeutet wie reduzierte Bildung des dunklen Pigments Melanin.

Carrot-Tail Foto: C. Dierks/S. Wolff

Chocolate Albino Foto: M. Hartwig

Eclipse Foto: M. Hartwig

High Yellow Foto: M. Hartwig

Hybino Foto: M. Hartwig

Lavendel	Bei Tieren der Farbform Lavendel bleiben anstelle der dunklen Querbänderung ein violettes Band oder violette Flecken übrig.
Leuzist	Als leuzistisch bezeichnet man Tiere, die keine Flecken ausbilden und schon beim Schlupf keinerlei Zeichnung aufweisen. Mit anderen Worten: Blizzards.
Mack Snow	Bei diesen schwarz-weiß gezeichneten Geckos ist ein Gen für das Fehlen des gelben Pigmentes verantwortlich.
Melanismus	Melanistische Tiere bilden verstärkt Melanin.
Nominat/Wildtyp	Der Wildtyp des Leopardgeckos wird umgangssprachlich als Nominattyp bezeichnet. Hierbei handelt es sich um Tiere mit vielen kleineren Flecken auf einem gelblichen Grund und (dunkel-)braunen Querbändern.
Pastel	Schwach gefärbte Leopardgeckos bezeichnet man als Pastels.
Patternless	Patternless-Jungtiere haben beim Schlupf noch Reste einer schwachen Zeichnung, die sich mit dem Heranwachsen aber komplett verliert. Adulte Tiere sind gelblich gefärbt und völlig zeichnungslos.
Patternless Albino	Bei dieser Zuchtform sind Patternless- und Albino-Gene miteinander kombiniert, sodass zeichnungslose Albinos entstehen.
Rainwater Albino	In Las Vegas züchtet Tim Rainwater eine weitere Albino-Linie. Bei diesen Tieren wird das Rot der Augen im Alter zu einem Orange.
RAPTOR	Ruby-Red-Eye-Albino-Patternless-Tremper-Orange. Ähnlich wie bei den APTORs handelt es sich auch hier um zeichnungslose Albinos mit einer leuchtend orange Färbung. Allerdings besitzen RAPTORs darüber hinaus (teilweise) rote Augen.
Reduzierte Flecken	Im Gegensatz zum Wildtyp mit seinen vielen über dem Körper ver-

Lavendel Foto: M. Hartwig

Mack Snow Foto: S. Sykes

Pastel Foto: M. Hartwig

Patternless Foto: S. Sykes

RAPTOR Foto: S. Sykes

	teilten kleinen Flecken gibt es auch Geckos, die nur einige wenige, vereinzelte Gruppen von Punkten und Flecken aufweisen. Dies ist sozusagen die Stufe vor dem Hypomelanismus.
	Reduzierte Flecken Foto: M. Hartwig
RERS	Red-Eye-Reverse-Striped bezeichnet Leopardgeckos, die auf dem Rücken einen ausgeprägten Längsstreifen und darüber hinaus auch noch rote Augen aufweisen.
	Reverse Striped Foto: S. Sykes
Reverse Striped	Ebenfalls eine Weiterentwicklung des Jungle-Typs ist die Längsstreifung auf der Rückenmitte.
SERS	Snaked-Eye-Reverse-Striped-Leopardgeckos besitzen Augen mit zweigeteilter Pigmentierung (z. B. ein halbes Auge normal gefärbt, die andere Hälfte schwarz oder bei Albinos rot; die Färbungen können auch anders aufgeteilt sein) und den schon erwähnten Längsstreifen auf dem Rücken.
Snake Eye	Als Snake Eye bezeichnet man ein Auge, das eine zweigeteilte Pigmentierung aufweist.
	Snow-Baby Foto: M. Hartwig
Snow	Während bei den Mack Snows ein Gen für das Fehlen des gelben Pigmentes verantwortlich ist, sind die „normalen" Snows durch Aus-

Grundzüge der Vererbungslehre

DAS Thema der Vererbungslehre ist recht komplex. Wenn man mit dem Gedanken spielt, mit seinen Leopardgeckos zu züchten, sollte man aber gewisse Grundlagen kennen, um sinnvolle Verpaarungen zusammenstellen und auf bestimmte Ziele hinzüchten zu können.

Die verschiedenen Formen eines Gens nennt man Allele. Jedes Elterntier gibt jeweils ein Allel eines Gens an das Jungtier weiter, das Jungtier besitzt also jedes Gen doppelt, allerdings muss dieses Gen nicht zweimal in derselben Form auftauchen.

Man unterscheidet zwischen dominant-rezessiven Erbgängen und kodominanten Erbgängen.

	wahlzucht mit hellen Pastel-Tieren entstanden. Man hat sozusagen das Gelb herausgezüchtet.
Super Hypo	Das „Super" bezeichnet die Steigerung eines bestimmten Merkmals, hier also den Mangel an Flecken. Ein Super Hypo besitzt daher in seiner reinen Form keine Flecken auf dem Körper und nur wenige auf dem Kopf.
Striped	Ebenfalls aus Jungle-Tieren entstanden ist die Aufreihung der Flecken an den Flanken der Tiere. Diese Streifen können durch dunkle Punkte oder durch zusammenhängende Farbbänder entstehen.
Tangerine	Besonders intensiv orange Tiere werden als Tangerines bezeichnet. Diese Färbung kann auch bei Albinos vorkommen und ist häufig mit einem Carrot-Tail verbunden.
Tremper Albino	Ron Tremper züchtete als Erster eine eigene Albino-Linie. Im Gegensatz zu den Rainwater-Albinos sind diese Tiere meist intensiver gefärbt und verlieren die rote Färbung der Augen schon wenige Tage nach dem Schlupf.

Super Hypo Tangerine Carrot-Tail Baldy
Foto: S. Sykes

Striped Foto: M. Hartwig

Tremper Albino
Foto: M. Hartwig

Dieser Blazing Blizzard ist aus einer Kreuzung zwischen einem Tremper Albino und einem Blizzard entstanden.
Foto: B. Love/Blue Chameleon Ventures

Dieser bunte Strauß zeigt Jungtiere der Farbformen Amelanistisch, Wildtyp, Patternless und Blizzard (von rechts nach links). Foto: B. Love/Blue Chameleon Ventures

Bei dominant-rezessiven Erbgängen entscheidet ein Allel (und zwar das dominante) über das Aussehen des Tieres. Die rezessive Form kommt nur dann zur Ausprägung, wenn das dominante Allel nicht vorliegt, also beide Allele des Tieres zur rezessiven Form des Gens gehören; solche Tiere nennt man für dieses Merkmal homozygot. Trägt ein Tier sowohl das dominante als auch rezessive Allel, wird es als heterozygot bezeichnet. Optisch entspricht solch ein Tier der domi-

nanten Form. Trägt ein Tier nur die dominante Form des Gens, wird es als homozygot für das dominante Merkmal bezeichnet.

Kodomiante Erbgänge erzeugen bei Tieren, die für das entsprechende Merkmal heterozygot sind, nicht das Aussehen, das das dominante Gen bewirkt, sondern eine Zwischenform. Beide Allele haben also Einfluss auf das Aussehen. Ein Beispiel hierfür ist das Giant-Gen: Trägt ein Tier sowohl das Allel, das den Riesenwuchs bedingt, als auch das „normale"

Allel des Gens, ist es zwar größer als ein normales Tier, aber immer noch kleiner als ein Tier, das zwei Allele des Riesenwuchses besitzt. Das Aussehen eines Tieres bezeichnet man als Phänotyp, die Genkombination, die es trägt, dagegen als Genotyp.

Jedes Elterntier gibt also einen Teil seiner Gene an die

Anwendungsbeispiel:
Kreuzung zwischen Albino und Patternless:

Sowohl Patternless als auch Albinos treten nur auf, wenn sie das entsprechende Gen homozygot in der rezessiven Variante besitzen. P steht im Folgenden für die dominante Form des Patternless-Gens, die den Wildtyp erzeugt,

Bell-Albino
Foto: B. Love/Blue Chameleon Ventures

Nachkommen weiter, und je nach Genkombination des Jungtiers fällt sein Erscheinungsbild aus.

Dominante Allele setzen sich gegenüber dem rezessiven Allel des Gens im Phänotyp des Geckos durch und sind somit klar zu erkennen.

Nun gibt es die Möglichkeit, diese Allele sinnvoll miteinander zu kombinieren, um bestimmte Phänotypen zu kreieren.

p dagegen für die rezessive Form, die, wenn sie homozygot vorkommt, ein Tier mit dem Aussehen eines Patternless entstehen lässt.

A ist die dominante Form des Albino-Gens, auch sie erzeugt den Wildtyp, a bezeichnet die rezessive Form, die den Albino hervorbringt.

In unserem Beispiel ist das Vatertier beim Patternless-Gen homozygot für die dominante Wildform und beim Albino-Gen homo-

Patternless Albino Foto: S. Sykes

zygot für die rezessive Form (PPaa), also phänotypisch Albino, aber nicht Patternless.

Das Muttertier dagegen ist homozygot für das rezessive Patternless-Gen und trägt das Albino-Gen homozygot in der dominanten Wildform (ppAA), die Mutter ist also phänotypisch Patternless, aber kein Albino.

Gekreuzt werden nun somit: PPaa x ppAA

Alle Spermien des Vaters enthalten die Genkombination Pa und alle Eizellen der Mutter die Kombination pA.

Da alle Jungtiere Gene von beiden Eltern erhalten und sowohl alle Spermien als auch alle Eizellen jeweils dieselbe Genkombination aufweisen, finden wir folgenden Genotyp bei allen Jungtieren: PpAa

Alle Jungtiere sind also heterozygot sowohl für das Patternless-Gen als auch für das Albino-Gen. Phänotypisch entsprechen alle der Wildform.

Kreuzt man jetzt Tiere dieses Genotyps untereinander, ergeben sich neue Kombinationsmöglichkeiten. Es sollte aber darauf geachtet werden, keine Geschwister zu verpaaren, da Inzucht auf längere Zeit schwere genetische Defekte verursacht.

Kreuzung der heterozygoten Nachkommen: PpAa x PpAa

Es ergeben sich auf beiden Seiten verschiedene Möglichkeiten für die Genkombination in den Geschlechtszellen, nämlich PA, Pa, pA und pa. Das folgende Kreuzungsschema verdeutlicht dies.

	PA	Pa	pA	pa
PA	PPAA	PPaA	pPAA	pPaA
Pa	PPAa	PPaa	pPAa	pPaa
pA	PpAA	PpaA	ppAA	ppaA
pa	PpAa	Ppaa	ppAa	ppaa

Alle Genotypen, die mindestens eines der dominanten Allele aufweisen, entsprechen phänotypisch für dieses Gen dem Wildtyp. Alle Tiere mit einem P sind also keine Patternless, und sämtliche Exemplare mit einem A sind keine Albinos.

Patternless sind nur die Genotypen: ppAA, ppaA, ppAa und ppaa. Albinos sind die Genotypen: PPaa, pPaa, Ppaa und ppaa.

Man beachte, dass der Genotyp ppaa sowohl Patternless als auch Albino ist. Dieses Tier bildet eine neue Zuchtform mit speziellem Aussehen.

Statistisch gesehen wäre bei der oben angenommenen Verpaarung eines von 16 Nachzuchttieren ein Patternless Albino. Bei den übrigen Jungen käme nun das Problem auf, dass man bei den Tieren des Wildform-Phänotyps nicht sagen kann, ob, und wenn ja, welches rezessive Gen sie geerbt haben, da sich dies ja nicht äußerlich erkennen lässt. Man spricht daher von „possible het."-Tieren (möglicherweise heterozygoten Tieren).

Wichtig ist hier noch zu erwähnen, dass die drei bekannten Albino-Linien (Tremper Albino, Bell Albino und Rainwater/Las Vegas Albino) untereinander nicht „kompatibel" sind. Bei ihnen sind jeweils andere Gene für die Farblosigkeit verantwortlich. Bei einer gemischten Verpaarung können sich die unterschiedli-

Noch unbestimmte Designer-Farbform Foto: B. Love/Blue Chameleon Ventures

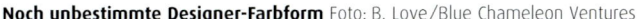

chen rezessiven Albino-Allele nicht gegen die dominanten Formen durchsetzen und haben somit keinen Einfluss auf das Erscheinungsbild des Tieres.

Bei einigen Farbtypen kann man den Phänotyp allerdings nicht nur an einem Gen festmachen. Diese Erbgänge sind schwer zu durchschauen. Um solche Merkmale zu erzeugen, wendet man die Auswahlzucht an, man sucht also am besten Elterntiere, die der gewünschten Form nahe kommen und verpaart sie miteinander. Bei einem Teil der Nachzuchten kann dieses Merkmal dann verstärkt auftreten, sodass man über weitere ausgewählte Verpaarungen immer bessere Ergebnisse im Erscheinungsbild erzielen kann. Soweit zur Theorie. In der Praxis findet die Auswahlzucht bei folgenden Farb- und Zeichnungsformen ihre Anwendung: reduzierte Fleckenbildung, Hypomelanismus, Axanthismus, Pastel, Lavendel, Carrot-Head, Carrot-Tail, Baldy, Tangerine, High Yellow, Hybino, Sunglow, Bänderung/Streifen und Jungle. Für die Zucht werden dabei jeweils Tiere ausgewählt, die das gesuchte Merkmal am besten repräsentieren – als Beispiel nehmen wir mal die reduzierte Fleckenbildung. Der Wildtyp des Leopardgeckos zeichnet sich durch viele kleine Punkte und Flecken aus. Bei einigen Tieren ist diese Fleckenbildung jedoch weniger stark ausgeprägt, zwischen den Fleckengruppen gibt es bei ihnen auch freie Stellen. Verpaart man Tiere mit reduzierter Fleckenbildung miteinander, kann ein Teil der Nachzuchten noch weniger Flecken aufweisen. Sucht man nun immer wieder die im Sinne des Zuchtziels bestmögliche Verpaarung aus, wird aus einer reduzierten Fleckenbildung der Hypomelanismus und später auch der Super-Hypomelanismus entstehen. Ein anderes Beispiel ist die Zucht von Snows, die nicht durch das Mack-Snow-Gen erzeugt werden. Hierbei nutzt man die blasse Färbung von Pastel-Tieren und reduziert so über Generationen hinweg den unerwünschten Farbanteil, indem man immer hellere Tiere miteinander verpaart.

Die Auswahlzucht ist damit ein langwieriges Unternehmen, für das man immer wieder „frisches Blut" in seiner Zucht benötigt, möchte man sich seinen Genpool nicht ruinieren. Jedoch wären ohne diesen Aufwand die meisten der heute bekannten Farb- und Zeichnungsformen erst gar nicht möglich.

Wie züchte ich ...?

Wildtyp	Verpaarung von wildfarbenen Tieren	dominantes Gen
High Yellow	Verpaarung von Tieren mit erhöhtem Gelbanteil	Auswahlzucht
Tangerine	Verpaarung von orange Tieren	Auswahlzucht
Hypo	Verpaarung von Tieren mit deutlich reduzierter Fleckenbildung	Auswahlzucht
Super Hypo	Verpaarung von fast zeichnungslosen Tieren	Auswahlzucht
Baldy	Verpaarung von Tieren ohne Zeichnung auf Körper und Kopf	Auswahlzucht
Carrot-Head/-Tail	Verpaarung von Tieren mit ausgeprägtem Carrot-Head/-Tail	Auswahlzucht
Pastel	Verpaarung von schwach gefärbten Tieren	Auswahlzucht
Lavendel	Verpaarung von Tieren mit hellvioletten Querbändern	Auswahlzucht
Snow	Verpaarung von hellen und farblosen Tieren	Auswahlzucht
Mack Snow	Verpaarung von Tieren, die mindestens ein Mack-Snow-Gen tragen	kodominantes Gen
Albino	Verpaarung von Albinos oder het. Albinos einer Linie	rezessives Gen
Hybino/Sunglow	Verpaarung von (fast) zeichnungslosen Albinos oder Kreuzung mit (Super) Hypos	Auswahlzucht, rezessive Gene
Patternless	Verpaarung von Patternless oder het. Patternless	rezessives Gen
Patternless Albino	Verpaarung von Patternless und Albino oder jeweils het. Tieren	rezessive Gene
Blizzard	Verpaarung von Blizzards oder het. Blizzards	rezessives Gen
Banana Blizzard	Verpaarung von Blizzard und Patternless oder jeweils het. Tieren	rezessive Gene
Blazing Blizzard	Verpaarung von Blizzard und Albino (jeder Linie) oder jeweils het. Tieren	rezessive Gene
Giants	Verpaarung von auffällig großen Tieren, Verpaarung von Giant-Gen-Trägern	Auswahlzucht, kodominantes Gen

Krankheiten

AUCH wenn Leopardgeckos als sehr robust gelten, gibt es für sie leider gesundheitliche Risiken, die man als Halter kennen sollte. Daher ist es unumgänglich, sich einen reptilienkundigen Tierarzt in der Umgebung zu suchen, den man im Notfall zu Rate ziehen kann (eine entsprechende Liste bietet die DGHT, siehe „Weitere Informationen". Eine kleine Notfallapotheke zu Hause ist ebenfalls sehr hilfreich, möchte man bei kleineren Verletzungen sofort eingreifen oder ein geschwächtes Tier aufpäppeln. Zu einer solchen Notfallausrüstung gehört eine Flasche Ringer-Lösung, die man in jeder Apotheke bekommen kann, eine antiseptische Salbe zur Versorgung kleinerer Wunden (z. B. Betaisodona) und Aufbaupräparate wie Bioserin und Bene-Bac. Die Ringer-Lösung hilft gegen Flüssigkeitsverlust bei Durchfall und beugt einer Austrocknung des Tieres vor. Bioserin enthält Nährstoffe, die ein geschwächtes Tier benötigt, um wieder auf die Beine zu kommen, und Bene-Bac bringt die Darmflora ins Gleich-

gewicht und regt den Appetit an. Das größte gesundheitliche Risiko für Leopardgeckos geht wohl von Parasiten aus. Auch wenn nahezu jedes Tier einen gewissen Stamm an Parasiten in sich trägt und damit problemlos leben kann, gibt es immer wieder z. B. durch Transportstress ausgelösten übermäßigen Befall, der schnell die Gesundheit des Tieres angreifen kann. Generell gilt bei Krankheitsfällen das Einhalten einer strikten Quarantäne, um die Ansteckungsgefahr für die anderen Tiere so gering wie möglich zu halten und dem erkrankten Exemplar die nötige Ruhe für die Genesung bieten zu können.

Oxyuren

Diese Würmer gehören zu den fast ständigen Begleitern der Leopardgeckos.

Auch bei ausgewachsenen, großen Leopardgeckos sollte man beim Hantieren stets Vorsicht walten lassen. Foto: M. Hartwig

In geringer Anzahl sind sie bei fast jedem Tier vorhanden, ohne Schaden anzurichten. Stress kann das Immunsystem aber kurzfristig schwächen und damit eine rasante Vermehrung der Parasiten begünstigen. In diesem Fall wird der Gecko Verdauungsprobleme bekommen, die sich in dünnem Kot bis hin zu Durchfall und Abmagerung zu erkennen geben. Daher ist es ratsam (vor allem bei Neuzugängen, die gerade einen stressigen Standortwechsel hinter sich haben), in regelmäßigen Abständen Kotproben untersuchen zu lassen. Der Nachweis der Parasiten ist problemlos, jedoch sollten immer Kotproben von mehreren Tagen abgegeben werden, da sich die Würmer nicht in jeder Probe nachweisen lassen. Bei einem positiven Befund kann man schnell mit einer Wurmkur nach Weisung des Tierarztes Abhilfe schaffen.

Kokzidien

Diese einzelligen Parasiten sorgen schon in geringer Konzentration für Durchfall, Fressunlust, Austrocknung und Abmagerung. Da sie leicht von einem Tier auf das andere übertragbar sind und sich die Echsen auch ständig wieder neu anstecken können, ist eine Quarantäne mit entsprechender Hygiene hier besonders wichtig. Zum Nachweis sollte man Kotsammelproben untersuchen lassen und die Untersuchungen über einen längeren Zeitraum wiederholen, bis mehrere Proben hintereinander negativ ausgefallen sind. Die Behandlung ist bei rechtzeitiger Diagnose meist erfolgreich.

Kryptosporidien

Seit einigen Jahren vermutet man, dass Einzeller der Gattung *Cryptosporidium* Auslöser für die rätselhafte Leopardgeckoseuche sind. Hierbei handelt es sich um eine Infektion, die extrem ansteckend ist und bislang nur in seltenen Fällen erfolgreich behandelt werden konnte. Symptome sind bei Ausbruch der Krankheit wässriger Durchfall, Fressunlust, Lethargie, Erbrechen und starke Abmagerung. Infizierte Tiere bauen in kürzester Zeit stark ab und trocknen zusehends aus, bis sie nur noch aus Haut und Knochen zu bestehen scheinen. Entdeckt man erste Anzeichen für eine Infektion, muss das Tier sofort separat in Quarantäne gesetzt werden. Da der Nachweis von Kryptosporidien anders verläuft als eine normale Kotprobenuntersuchung, sollte man den

Kryptosporidien-Opfer Foto: M. Köhler

Tierarzt gezielt um eine solche Untersuchung bitten. Zudem sind Kryptosporidien nicht in jeder Kotprobe nachweisbar, sodass man am besten den Kot von mehreren Tagen sammelt, den man leicht feucht gehalten im Kühlschrank aufbewahrt, und die Untersuchungen über einen längeren Zeitraum laufen lassen sollte. Hat sich der Verdacht bestätigt, wird der Tierarzt eine Therapie

Ein gesunder Leopardgecko beäugt aufmerksam seine Umgebung.
Foto: B. Love/Blue Chameleon Ventures

vorschlagen. Allerdings sind die Medikamente bislang noch in der Testphase, und ein Erfolg ist nicht garantiert. Ist innerhalb weniger Wochen keine Besserung bei dem erkrankten Tier zu erkennen, sollte man sich zum Einschläfern entscheiden.

Verstopfung

Vermehrte Aufnahme von Bodensubstrat kann bei Leopardgeckos zu Verstopfungen führen. Dabei wird der Bauch des Tieres unförmig dick und hart, die Darmregion scheint blau durch die Haut. Je nach Grad der Verstopfung kann der Tierarzt mit Medikamenten die Darmtätigkeit anregen und durch die Gabe von Natur-Ölen das Ausscheiden des Substrates erleichtern. In schwerwiegenden Fällen bleibt dann nur die Möglichkeit einer Operation, die allerdings für so kleine Reptilien wie Leopardgeckos ein nicht zu unterschätzendes Risiko darstellt. Der Grund für das vermehrte Aufnehmen von Substrat kann zum einen in einer hohen Fehlerquote beim Jagen oder in einem Mineralstoffmangel liegen, den die Tiere über das Fressen von Sand beheben wollen. In diesem Fall muss das betroffene Exemplar nach dem Lösen der Verstopfung gezielt mit Mineralstoffen versorgt werden, um einem erneuten Auflecken des Bodensubstrates vorzubeugen und den Mangel schnellstmöglich zu beheben.

Rachitis/Osteomalazie

Hier handelt es sich um durch Vitamin-D- und Mineralstoffmangel hervorgerufene Stoffwechselstörungen, die zu Verformungen des Knochenapparates führen. Erste Anzeichen lassen sich besonders an den Beinen der Tiere erkennen, die unter dem Gewicht des Körpers O-förmig erscheinen. Wird diese Erkrankung nicht behandelt, führt sie im Extremfall zur Verformung der Kiefer, sodass das betroffene Tier nicht mehr fressen kann und eingeschläfert werden muss. Leichte Anzeichen lassen sich jedoch

durch eine Optimierung der Ernährung eindämmen, eine Korrektur der verformten Knochen ist aber in der Regel nicht mehr möglich. Um diesen Störungen vorzubeugen, muss auf eine ausreichende Versorgung mit Vitaminen und Mineralstoffen geachtet werden. Neben den mit Futterzusätzen bestäubten Futtertieren (siehe oben) sollte den Tieren ständig eine Schale mit zerkleinerter Sepiaschale oder mit Kalzium zur Verfügung stehen. Bei Bedarf kann man betroffenen Tieren auch eine korrekt dosierte (fragen Sie den Veterinär) Extra-portion Kalzium direkt ins Maul verabreichen. Der Tierarzt kann darüber hinaus bei schwereren Fällen Kalziuminjektionen vor-nehmen.

Psychogene Legenot

Fehlt dem Weibchen gegen Ende der Trächtigkeit eine geeignete Ablagestelle, setzt es sein reifes Gelege nicht ab, und die ausgereiften Eier im Eileiter des Tieres können lebensbedrohlich werden. Da die Eier weiterhin Wasser aufnehmen, wächst ihr Umfang ständig, sodass sie schließlich nicht mehr auf natürliche Art und Weise gelegt werden können. Um dies zu verhindern, sollte dem trächtigen Weibchen immer ein feuchter Platz mit grabfähigem Substrat zur Verfügung stehen – selbst gebaute Eiablage-boxen haben sich dafür bewährt. Sobald bei ei-nem Tier die Eier deutlich zu erkennen sind, sollte es nicht länger als 3–4 Wochen dauern, bis das Weibchen sie gelegt hat. Ist dies nicht geschehen, sollte man mit dem Gecko umgehend einen Tierarzt aufsuchen, der die Eier im Notfall operativ entfernen kann.

Super Hypo Tangerine Carrot-Tail Foto: M. Hartwig

Häutungsprobleme

Bei zu trockener oder zu feuchter Haltung kann es passieren, dass die Leopardgeckos ihre alte Haut nicht vollständig abstreifen können. Besonders an den Zehen oder der Schwanzspitze bleiben dann Reste hängen, die diese Körperteile einschnüren und die Blutzirkulation unterbrechen können. Im Extremfall sterben die betroffenen Gliedmaßen oder die Schwanzspitze ab. Daher sollten Häutungsreste, die über die Zeit der Häutung hinaus übrig geblieben sind, immer vorsichtig angefeuchtet und von Hand entfernt werden.

Zudem müssen die Haltungsbedingungen überprüft und korrigiert werden, sollten diese Probleme häufiger auftreten.

Wunden und Bissverletzungen

Kleine Wunden oder Bissverletzungen während der Paarungszeit verheilen in der Regel problemlos, wenn man die Stellen mit steriler Kochsalzlösung säubert und sie desinfiziert. Bei größeren Verletzungen muss jedoch ein Tierarzt aufgesucht werden.

Vergesellschaftung mit anderen Reptilien

LEOPARD geckos sind zwar eigentlich sehr friedfertige Tiere, jedoch bilden sie Reviere aus, in denen sie keine Fremden dulden. Wie sich zwei männliche Leopardgeckos bekriegen würden, würde auch jedes andere Tier zu einem Stressfaktor, das sich im gleichen Revier aufhielte. Kleinere Reptilien könnten sogar als willkommener Leckerbissen angesehen und gejagt werden, weshalb man von der Vergesellschaftung mit anderen Tieren nur abraten kann. Auch der Versuch, tagaktive Geckos im selben Terrarium zu halten, wird scheitern, da sich die Tiere mit ihren unterschiedlichen Aktivitätsphasen gegenseitig stressen würden. (Wasser-) Schildkröten eignen sich ebenfalls nicht als Mitbesatz, da sie Parasiten in sich tragen, die für Leopardgeckos gefährlich sind.

Weitere Informationen

ZUR Vertiefung der in diesem Buch gegebenen Informationen und zum tieferen Einblick in terraristische und herpetologische Themenbereiche empfehlen sich die Mitgliedschaft in einem Verein gleich gesinnter Terrarianer sowie ein intensives

Leopardgeckos hält man am besten unter ihresgleichen.
Foto: B. Love/Blue Chameleon Ventures

Möchte man seinen Leopardgeckos also ein schönes Zuhause
bieten, sollte man ihnen zuliebe
auf weitere Gesellschaft verzich-
ten.

Literaturstudium. Die folgenden
Auflistungen sollen dabei behilf-
lich sein, einen Einstieg in die
Thematik zu finden, können aber
natürlich nur einen kleinen Aus-
schnitt aufzeigen.

Vereine und Interessengruppen

Die Deutsche Gesellschaft für Herpetologie und Terrarienkunde (DGHT e. V.; www.dght.de) ist die weltweit größte Gesellschaft ihrer Art und bringt Wissenschaftler, Hobbyherpetologen und Terrarianer zusammen. Innerhalb der DGHT existiert die AG Echsen, die sich auch mit Leopardgeckos beschäftigt und jährliche Fachtagungen veranstaltet.

Zeitschriften

• REPTILIA
Terraristik-Fachmagazin
Natur und Tier - Verlag GmbH
An der Kleimannbrücke 39/41
48157 Münster
Tel.: 0251-133390
E-Mail: verlag@ms-verlag.de

• elaphe
(nur für Mitglieder der DGHT)

Untersuchungsstellen

Kotproben, Sektionen und andere Untersuchungen können von spezialisierten Tierärzten oder von veterinärmedizinischen Untersuchungsstellen vorgenommen werden, die es in vielen Städten gibt.
Eine Liste mit Tierärzten, die sich mit Reptilien und Amphibien beschäftigen, kann über die DGHT bezogen oder auf www.dght.de eingesehen werden.
Überregional bekannt sind z. B. folgende Einrichtungen:

• exomed (www.exomed.de)

• LABOKLIN (www.laboklin.de)

• Landesbetrieb Hessisches Landeslabor (www.lhl.hessen.de)

Dank

Mein Dank gilt Mark Köhler (Oberhausen), der sein Fachwissen über Reptilienkrankheiten mit mir teilte und sich zum Korrekturlesen bereit erklärte, Steve Sykes (USA, www.geckosetc.com), Christian Dierks und Sarah Wolff (Duisburg), die mich mit Fotos ihrer Tiere und ihren Erfahrungen unterstützten.

Verwendete und weiterführende Literatur

A) Bücher

GRIEßHAMMER, K. & G. KÖHLER (2006): Leopardgeckos. Pflege, Zucht, Erkrankungen, Farbvarianten. – Herpeton, Offenbach, 142 Seiten.

HAMPER, R. (2004): The Leopard Gecko in Captivity. – ECO Herpetological Publishing & Distribution, Lansing, 105 Seiten.

HENKEL, F. W., M. KNÖTHIG & W. SCHMIDT (2000): Leopardgeckos. – Natur und Tier - Verlag, Münster, 80 Seiten.

KÖHLER, G. (1996): Krankheiten der Amphibien und Reptilien. – Ulmer, Stuttgart, 166 Seiten.

–, B. EIDENMÜLLER & M. KNIRR (2004): Inkubation von Reptilieneiern. Grundlagen - Anleitungen - Erfahrungen. 2. Aufl. – Herpeton, Offenbach, 254 Seiten.

RÖSLER, H. (2004): Vermehrung von Geckos. – Herpeton, Offenbach, 270 Seiten.

SEUFER, H., Y. KAVERKIN & A. KIRSCHNER (2005): Die Lidgeckos. Pflege, Zucht und Lebensweise. – Kirschner & Seufer Verlag, Karlsruhe, 238 Seiten.

ULBER, Th. (1995): Leopardgeckos im Terrarium. – Bede, Ruhmannsfelden, 64 Seiten.

VOSJOLI, PH. DE, R. KLINGENBERG, R. TREMPER & B. VIETS (2004): The Leopard Gecko Manual. – Advanced Vivarium Systems, Irvine, 96 Seiten.

–, – & – (2005): The Herpetoculture of Leopard Geckos. 27 Generations of Living Art. – Advanced Visions, 259 Seiten.

B) Zeitschriftenartikel

DUSCHA, D. (2006): Der Leopardgecko (*Eublepharis macularius*). – REPTILIA, Münster, 57 11(1): 20–29.

KHAN, M. S. (2006): Lebensweise und Biologie des Leopardgeckos (*Eublepharis macularius*) in Pakistan. – REPTILIA, Münster, 57 11(1): 30–35.

KREUTZ, R. (2006): Farb- und Zeichnungsvarianten des Leopardgeckos (*Eublepharis macularius*). – REPTILIA, Münster, 57 11(1): 36–41.

RAINWATER, T. (1998): Albino Leopard Geckos. – The Vivarium 9(5): 6–8.

WILHELM H. (1998): Ein Klassiker im Terrarium: der Leopardgecko *Eublepharis macularius*. – REPTILIA, Münster, 12 3(4): 30–32.

WILMS, T. (2004): Der Leopardgecko – nicht nur ein Einsteigertier. – REPTILIA, Münster, 46 9(2): 56–62.

Bücher für Ihr Hobby

Lebendfutter selber züchten

Walter Wiest & Stefan Greff

200 Seiten, viele Abbildungen
Format: 17,5 x 23,2 cm
Hardcover

ISBN 978-3-86659-520-0
34,80 €

Hochwertige Futtertiere sind das A und O für die erfolgreiche Haltung und Nachzucht räuberischer Pfleglinge in Aquarium und Terrarium.

Abwechslung ist dabei sehr wichtig, damit es nicht zu einseitiger Ernährung kommt. Sicherstellen lässt sich eine entsprechende Versorgung der Tiere am besten, indem man selbst eine Palette wirbelloser Futtertiere vermehrt.

Wie das ohne viel Aufwand gelingt, beschreiben die langjährig erfahrenen Züchter Walter Wiest und Stefan Greff in diesem Praxis-Ratgeber.

Natur und Tier - Verlag GmbH

An der Kleimannbrücke 39/41 · 48157 Münster
Telefon: 0251 - 13339-0 · Fax: 0251 - 13339-33
E-Mail: verlag@ms-verlag.de

Aus der Reihe „Art für Art"

Der Kronengecko

Correlophus ciliatus

S. Bach

ISBN 978-3-937285-77-1

je 16,80 €

Grünaugengeckos

Gekko smithii & Gekko siamensis

W. Grossmann

ISBN 978-3-937285-68-9

Der Streifengecko

Gekko vittatus

W. Grossmann &
M. Kreuzer

ISBN 978-3-86659-197-4

**Der Große Raue
Knopfschwanzgecko**

Nephrurus amyae

A. Laube & C. Langner

ISBN 978-3-86659-220-9

Art für Art stellen Ihnen die Bücher dieser Reihe die beliebtesten Terrarientiere vor. Jeder Band bietet detaillierte, praxisnahe Pflegeanleitungen, und Sie finden alle Informationen, die Sie brauchen, um Ihre Tiere erfolgreich zu vermehren. Wichtige Fragen, von der erforderlichen Beckengröße über die Terrarieneinrichtung, die technische Ausstattung, die artgerechte Ernährung bis zur Vorbeugung von Krankheiten, werden mit zahlreichen Tricks und Kniffen beantwortet. Erfahrene, langjährige Züchter verraten, wie Sie die Tiere zur Fortpflanzung bewegen und die Jungtiere gesund aufziehen können.

Das alles durchgängig farbig, großzügig bebildert
und attraktiv gestaltet nur über Ihr Terrarientier – Art für Art!

64 Seiten, Format 14,8 x 21 cm
Softcover, zahlreiche Farbfotos

www.ms-verlag.de

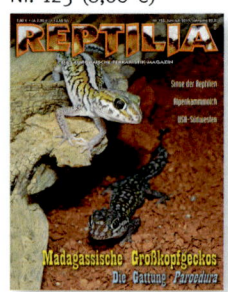

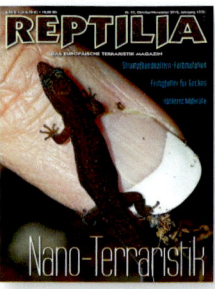